OBSERVATIONS

SUR LA VIPERE

DE FONTAINEBLEAU.

OBSERVATIONS
SUR
LA VIPERE
DE FONTAINEBLEAU,
Et sur les moyens de remédier à sa morsure.

Par le Docteur PAULET.

A FONTAINEBLEAU;
Chez { REMARD, Libraire, rue des Mathurins; Et LEQUATRE, Imprimeur rue S-Honoré.

AN XIII. (1805)

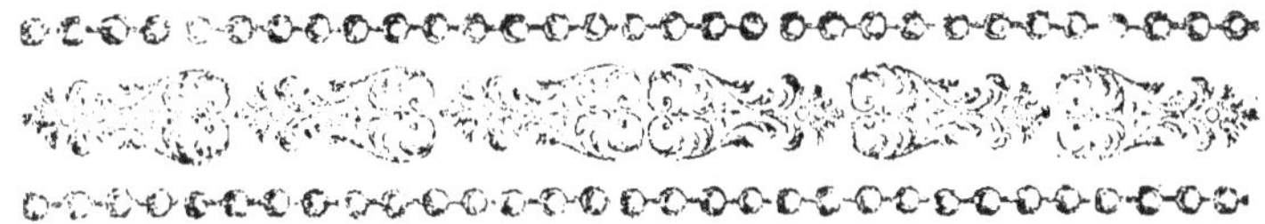

Un accident mortel, survenu, il y a sept à huit ans, à la suite de la morsure d'un reptile qui se trouva sur les roches de la Mal-Montagne, près de Montigny, dans la Forêt de Fontainebleau, et sur lequel un enfant de Veneux-Nadon, âgé de sept à huit ans, avait mis le pied accidentellement; accident constaté par un procès-verbal dressé sur les lieux par un Officier municipal de Moret; un autre accident de même nature, arrivé à une femme de Milly, il y a quelques années; enfin quelques autres semblables, dont on parle, mais dont on ignore les circonstances, avaient déjà appris qu'il existait des vipères dans quelques parties de la forêt de Fontainebleau. Mais, soit que les accidens de ce genre fussent très-rares ainsi que le reptile, soit qu'ils restassent inconnus, lorsqu'ils avaient lieu, on les attribuait généralement aux couleuvres ordinaires, ou plutôt à l'orvet très-commun dans cette forêt. On croyait même que cet orvet, qu'on y nomme encore Anvoye et par corruption *Lanvaux*, était le plus redoutable, et qu'il pique de la tête et de la queue.

Telle était, à cet égard, l'opinion reçue, sur-tout parmi le Peuple, lorsqu'un événement, aussi malheureux que le premier, causé par une vipère, et observé cette année 1804, fixa l'attention du Jury de Médecine du Département de Seine et Marne. A peine voulait-on y croire même, et sans des expériences authentiques, on serait peut-être encore dans le doute, et sur l'existence de cette vipère, qui est particulière, et sur ses effets.

Avant de la décrire, il parait à propos de rapporter les faits ou principaux accidens auxquels elle a donné lieu.

ACCIDENS OBSERVÉS A LA SUITE DE LA MORSURE DE LA VIPÈRE DE FONTAINEBLEAU.

D'abord, le procès-verbal dressé à Veneux-Nadon, le jour de la mort de l'enfant dont on a parlé, en date du mois messidor an 5, porte qu'un enfant de cet endroit, âgé d'environ six ans, (il en avait sept et demi, ce qui est essentiel à noter,) mordu la veille, à trois heures après midi par un serpent reconnu pour une vipère, (1) au-dessus de la malléole interne du pied droit, est mort le lendemain entre huit et neuf heures du matin, des suites de cette morsure, et que la jambe était noire. On a appris depuis, soit du Chirurgien qui le soigna, M. *Wanner*,

(1) Plusieurs individus de la vipère de Fontainebleau ayant été vus et examinés chez-moi par M. *Wanner*, Chirurgien, qui soigna cet enfant et par la mère, ont été reconnus être de la même espèce que celle qui avait causé sa mort, et parfaitement semblables.

Officier de Santé à Thomery, soit de la mère de l'enfant, qu'il jetta un cri perçant, au moment où il fut mordu ; qu'il fut atteint presqu'aussitôt d'une syncope convulsive, dans laquelle il rendit en vomissant le pain qu'il avait mangé et qu'il mangeait encore, au moment où il fut piqué ; que son père lui fit une ligature à la jambe, au-dessus de la partie mordue, avec du genêt ; que, monté sur un âne pour être conduit chez lui, l'enfant vomit plusieurs fois le long du chemin ; que M. Wanner, qui le vit à cinq heures, le trouva très-faible, très-pâle, avec un pouls irrégulier, vomissant de la bile verte, et se plaignant de douleurs à la région épigastrique, c'est-à-dire au creux de l'estomac ; que la partie mordue par la vipère était tuméfiée, pâle, dure, sans être très-douloureuse, marquée comme d'une tache livide au centre, et que la tuméfaction s'étendait sur une partie de la jambe ; qu'on y fit deux mouchetures légeres sur lesquelles on versa de l'alkali volatil, et de l'huile; qu'on y appliqua un emplâtre de thériaque; que l'alkali volatil fut donné intérieurement d'heure en heure à la dose de cinq gouttes dans une cuillerée de vin; que le lendemain la tumeur était livide, avait un caractère gangréneux, était devenue presque noire, et que l'enfant mourut, après avoir éprouvé des mouvemens convulsifs.

Au mois de juin dernier, 1804, de Jeunes-gens de Recloses et de Villers-sous-grès (deux villages enclavés dans la forêt de Fontainebleau,) retournant chez eux, apperçoivent dans la forêt un Serpent qui traverse la route, et qu'ils prennent, au premier coup-d'œil, pour une couleuvre ordinaire, mais qui les frappe par la beauté et la singularité de sa robe. Ces imprudens la prennent avec la baguette qu'ils avaient à la main, se la jettent l'un à l'autre, et finissent par la laisser. Le reptile se met en spirale, et l'un d'eux, le nommé *Fageau*, croyant mettre le pied sur sa tête, le met sur la queue; l'animal se retourne subitement et le mord au bas de la jambe. A peine est-il mordu, qu'il se trouve mal et tombe dans une défaillance, telle qu'elle est suivie d'une évacuation. On lui fait sur-le-champ deux ligatures, l'une, près de l'endroit mordu, l'autre, à la cuisse, et on l'emmene en cet état à Villers-sous-grès, son pays natal. Il se plaint de maux d'estomach, a des faiblesses fréquentes; la partie mordue et ses environs se tuméfient sensiblement : une personne de l'art, de Nemours, et habile, appelée à son secours, ne peut s'y rendre que trente-six heures après l'accident. Elle trouve la partie mordue tuméfiée, ferme, avec des points gangréneux, le malade atteint de syncopes fréquentes, de vomissemens, de douleurs à la région épigastrique. Pour le traitement local, on met en usage les escarotiques, sur-tout le beurre d'antimoine, intérieurement l'alkali volatil ;

les cordiaux, les anti-spasmodiques, les anti-septiques. Le malade meurt dans des mouvemens convulsifs.

Un troisième accident, de même nature, ou qui a paru tel aux personnes de l'art, est observé à Fontainebleau, à-peu-près dans le même tems. Un enfant de deux ans, des Pleux, (Faubourg de cette ville,) est laissé par sa mère dans la cour, sur un fagot de bourée, qu'elle venait d'aporter de la forêt. A son retour, elle voit son enfant atteint d'une tumeur à la joue. Cette tumeur était pâle, dure, rénitente, avec un centre livide sans être sensiblement douloureuse. On l'apporte chez un Pharmacien de cette Ville, qui lui applique un cataplasme résolutif avec l'onguent de la mère au centre, et lui conseille de voir un Médecin ou un Chirurgien. Le lendemain la tumeur était livide dans toute son étendue et occupait presque toute la face et une partie de la tête, sans que l'enfant témoignât de la douleur, puisqu'il riait encore ce jour là.

Un Chirurgien consulté employe divers secours : l'enfant meurt le lendemain, ou troisième jour. Des voisines assurent avoir vu une couleuvre dans la cour de la maison qu'habite cette femme, la dame *Germain*, et qui est remplie de grosses pierres et de ruines. Mais, la conformité des symptômes, c'est-à-dire la nature de la tumeur qui était la même que celle observée sur l'enfant de Veneux-Nadon; tumeur dure, peu douloureuse avec des points gangréneux au centre; les progrés qu'elle fit en peu de tems; tout donne lieu de croire qu'il n'y a pas eu d'autre cause de sa mort que la morsure d'une vipère, et que la tumeur qui en a resulté, n'a pu être le charbon malin ou *Anthrax*, comme quelques personnes l'avaient cru d'abord, mais avec lequel on ne saurait la confondre; le charbon ayant un aspect, un caractère tout différents, puisqu'il est fort élevé, circonscrit, d'un rouge pourpre ou de feu et luisant, fort-chaud au toucher et très-douloureux avec un centre noir accompagné de beaucoup d'ardeur, de fiévre, etc. ce qui n'appartient pas à la tumeur dégénérant en gangrene produite par la morsure d'une vipère, et qui est pâle d'abord, égale et cause plutôt un sentiment de froid ou d'engourdissement, qu'une douleur vive et ardente.

Précautions prises par l'Administration.

Le Jury de Médecine du Département de Seine et Marne, instruit de ces faits et assemblé alors, dénonce au Préfet un reptile qui habite la forêt, dont l'espéce parait s'être multipliée cette année plus qu'à l'ordinaire, et dont la morsure peut causer la mort. Sur cet avis, le Préfet n'attend pas de nouveaux malheurs, et en sage Administrateur, il invite le Sous-Préfet et le Maire de Fontainebleau, de se concerter avec le Jury de Medecine, ou avec un de ses Membres qui réside en cette ville, pour aviser aux moyens de prévenir de pareils accidens, et de détruire même, s'il se peut, l'espèce de ce reptile. Sur cette invitation, l'animal est signalé par une affiche qui respire l'humanité et la bienfaisance; et l'on promet une récompense à ceux qui le mettront à mort ou l'apporteront vivant.

L'effet de cette précaution a été si heureux et tel, qu'aucun accident de ce genre n'a été observé depuis, et qu'on a pris cette année 1804, morts ou vivans, quinze individus de la même espèce, parmi lesquels se sont trouvées deux femelles, dont l'une avait seize œufs dans le corps, et l'autre six. Cette mesure de sûreté a fait beaucoup d'honneur à l'Administration Départementale et Municipale.

La nouvelle de la prise de ces animaux, surtout vivans, a excité la curiosité et une affluence d'Etrangers à Fontainebleau, qui a duré plusieurs mois.

Dans cette circonstance, le Jury de Médecine n'a fait que son devoir. Mais il serait dificile de dire qui a acquis le plus de droits à la reconnaissance publique, ou du Préfet du Département, qui a donné l'impulsion, ou du Maire de Fontainebleau, auteur de l'affiche, et qui l'a secondé avec un zele et une activité rares. On ne doit pas taire aussi que le Sous-Préfet a témoigné, comme Administrateur, sa satisfaction et sa reconnaissance [illegible], à celui des Membres du Jury qui a montré le plus de zele dans cette occasion.

S'il est consolant pour l'humanité qu'il y ait des êtres assez heureusement nés pour ambitionner le titre de Bienfaiteurs de leurs semblables et placés dans des circonstances assez heureuses pour le devenir, il est malheureux d'en voir d'autres uniquement occupés à jetter le ridicule sur eux, et risquer, sans s'en douter, de ne jouer qu'un rôle de Polichinel, au milieu de cette ligue heureuse contre un ennemi commun.

Description de la Vipère.

Le reptile qui fait le sujet de ces remarques, est un serpent qui, dans sa jeunesse, a une robe qui représente sur le dos comme un damier ou un ouvrage de marqueterie, à raison de la régularité ou du rapprochement de ses taches quarrées ou en zig-zig, brunes, sur un fond jaunâtre, ou gris, ou rougeâtre (car ces trois variétés de couleurs se rencontrent), et les jaunes sont les plus beaux à l'œil. Lorsque l'animal a pris son accroissement et qu'il est d'environ deux pieds de longeur, sur à-peu-près un pouce de diamétre au milieu du corps, les taches du dos qui formaient d'abord comme une chaîne continue par leur réunion, depuis la tête jusqu'à la queue, s'écartent souvent et se détachent à mesure que l'animal grossit, au point de devenir comme brisées, irrégulières, plus transversales que longitudinales, tandis que les latérales répondent par leurs angles aigus aux angles rentrans de celles du milieu; ce qui forme trois rangs de taches brunes sur un fond gris, ou jaunâtre, et peut servir à faire distinguer ce reptile de la vipère commune, qui n'a en général qu'une rangée de taches transversales au dos sur un fond gris sale, dans lequel plusieurs même se perdent quelquefois.

Le dessous du ventre de celle de Fontainebleau est, dans tous les individus, d'une seule couleur d'acier ou d'ardoise claire Mais la queue est rousse ou plus ou moins jaune, surtout à l'extrémité qui est terminée par un point noir et un point blanc, c'est-à-dire par deux petites écailles, dont l'une est blanche, l'autre noire. Ces deux teintes alternées de blanc et de noir, sont sur-tout très-marquées sur les bords des levres de ce reptile, où les écailles qui cernent tout l'ovale ou le triangle obtus de sa tête, sont teintes ou comme jaspées alternativement de blanc et de noir; ce qui a fait dire que celui-ci porte la livrée de la mort. Cette particularité peut servir encore à le faire distinguer des autres, surtout de la vipère commune, (*Coluber berus* Lin.) dont le bord des levres est jaunâtre et d'une seule couleur; ainsi que de la vipère de Charas ou à nez retroussé, (*Coluber aspis* Lin.) dont ce même bord des levres est blanchâtre et d'un seul ton de couleur.

La tête du reptile de Fontainebleau, que nous décrivons, est plate et presque toute plane excepté aux orbites qui sont un peu saillans. Elle forme comme un triangle obtus, dont l'angle formé par le museau est en général un peu plus allongé que les autres et presqu'ovale. Les deux latéraux sont également obtus, mais plus courts et plus arrondis, et débordent sensiblement le col de l'animal, qui est grêle; circonstance qui peut servir encore à le faire distinguer de la vipére d'Egypte ou Aspic de Cléopatre, (*Coluber vipera* Lin.) dont le col est du même diametre que les deux commissures des levres, et diminue insensiblement jusqu'à la queue, au point de lui donner une forme conique; ce qui ne s'observe point dans aucune des variétés du reptile de Fontainebleau. Le dessus de sa tête offre, en outre, un arrangement symétrique de traits ou caractères noirs sur un fond en général gris de perle, et qui, dans plusieurs individus, représente comme des chiffres Arabes ou des caractères hébreïques, coupés par des lignes transversales; dans d'autres, comme un trefle ou fleur-de-lis irrégulière; dans d'autres, enfin, comme une tête de crapaud, avec ses taches. Il y en a même qui offrent, soit pour la forme soit pour les caractères, comme une tiare où l'on croit voir des clefs: tant ces caractères sont bizarres et sujets à varier! Tout le dessus de cette tête est garnie constamment de deux sortes d'écailles, dont les unes très-petites, arrondies, et très-serrées occupent toute la partie qui s'étend depuis les orbites, à-peu-près jusqu'à l'extrémité du museau; (ce qui fait environ la moitié de la tête) et les autres, de forme ovale et d'environ une ligne de longueur, disposées en recouvrement, sont garnies d'une arrête fine et saillante, et en tout semblables à celles qui couvrent le dos de l'animal, jusqu'à la queue; tandis que les latérales sont toutes unies sans arrête, et par plaques, mais bien plus grandes, et de même forme que les petites de la tête. Cette structure des écailles bien saisie par Monsieur *de Lacepede*, sert à faire distinguer, au premier coup d'œil, non seulement cette vipere, mais toutes les autres, des couleuvres ordinaires (*Coluber natrix* LIN.) dont les écailles, soit de la tête, soit du dos, sont plates, sans arrête et sans recouvrement, et dont celles de la tête sur-tout sont plus grandes et comme par grandes plaques, principalement vers le museau. Tout le dessus du corps de notre vipère se trouve garni de ces écailles à arrête. Mais, le dessous du ventre est revêtu de plaques ou bandes transversales de 4 à 6, 8 ou 9 lignes de longueur sur une ou deux de largeur, suivant la grosseur de l'animal, et disposées en manière de tuiles ou de ruban. Celles de la queue sont de même structure, à-peu-près, mais comme coupées en deux ou par paires, et sont bien plus petites. Celle du ventre sont au nombre de cent cinquante-cinq; et celles du dessous de la queue, de quarante-six paires.

Telle est la disposition externe ou apparente du corps de ce reptile. Mais la nature l'ayant destiné à envenimer sa proye, à la retenir et à l'avaler, quelquefois toute entière, elle a donné à sa gueule une appareil d'instrumens nécessaires et propres à produire cet effet.

Elle est armée, à cette fin, de deux mâchoires et de deux sortes de dents, disposées toutes en crochet, ou dont elles font l'office, mais d'une structure et d'un jeu bien différents.

Dents ordinaires.

Ces mâchoires, au nombre de deux, l'une supérieure, l'autre inférieure, sont en forme de fer à cheval qui semble un peu étroit et allongé, et renfermées dans un ovale, (celui que forme la bordure écailleuse des lèvres) de manière à laisser un intervalle latéralement de une à deux lignes et plus, entre les branches de chaque mâchoire et cette bordure. Ces mâchoires ne tiennent solidement à la bouche que par un point cartilagineux qui est celui de réunion des deux branches osseuses dont elles sont formées; de façon qu'elles sont presque mobiles dans la bouche, n'y étant bien fixées que par le point de réunion, et soutenues par un ligament un peu lâche, qui permet leur jeu, et les retient en couvrant seulement la base des dents, auxquelles il tient lieu de gencive. Le point d'union des branches, placé vers le museau, au bord intérieur des lèvres, consisté en un cartilage qui les lie ensemble, pour ne former qu'un corps. Ces dents, qui ne sont qu'une continuité osseuse des branches de ces mâchoires, au nombre de 7 à 9 sur chacune d'elles, sont toutes très-fines, très-dures, et très-aigues, de deux à trois lignes de longueur; les unes droites, les autres un peu courbées et toutes dirigées en dedans, de manière à former, avec les branches, des angles plus ou moins aigus. Ces premières dents, aussi solides que les branches des mâchoires, servent à retenir, à accrocher et à tirer la proye au-dedans du corps. Elles sont au nombre, comme on voit, de 28 à 36.

Dents rétractiles ou crochets à venin.

Mais, entre les branches de la mâchoire supérieure et la bordure des lèvres, existe une autre sorte de dents mobiles et rétractiles, qu'on nomme *Crochets à venin*, et qui sont comme les défenses de l'animal. Ces dents, au nombre d'une, de deux, ou de trois, de chaque côté, sont courbes, de 4 à 5 lignes de longueur, avec une base d'environ deux lignes d'épaisseur ou de diamètre, lequel diminue insensiblement jusqu'à l'extrémité, qui est très-aigue et taillée en goûtière. Elles ont, à leur base, une ouverture en forme de fossette, taillée dans la substance même de la dent, qui est creuse depuis cette fossette jusqu'à la goûtière de l'extrémité, de manière à laisser couler facilement un fluide dans leur cavité. Elles sont, en outre, quelquefois sillonnées à leur partie convexe, depuis cette fossette jusqu'à la goûtière. On en trouve même qui n'offrent qu'un canal continu et ouvert depuis la fossette jusqu'à l'extrémité, et toutes propres à laisser couler un fluide par l'une ou l'autre voie. Leur base, qui n'est point creuse, est implantée d'environ une ligne et demie ou deux dans une masse charnue, qui leur sert d'alvéole et de soutien, et qui permet leur jeu. Cette substance charnue est continue à un trousseau de fibres de même nature, qui se prolonge et couvre presque toute l'étendue de la dent, en forme de gaine. C'est un muscle composé de fibres circulaires et longitudinales qui, dans sa contraction, se replie vers la fossette qu'il couvre entièrement ou en partie, et qui tient à un autre petit trousseau de fibres musculaires droites, divisées en deux et dont l'insertion est, d'une part, au bord de la lèvre supérieure ou palais de l'animal, et de l'autre, vers la base de la dent qu'il embrasse et qui, dans sa contraction, la releve pour la faire sortir hors de la bouche. A côté de la masse charnue qui sert d'alvéole à la dent, en est une autre de même substance, mais d'un tissu plus fin et de couleur plus pâle, qui cerne une partie de la base de la dent, du côté de la fossette et qui paraît être une glande propre à filtrer le venin qui se dégorge dans sa cavité, qui en parait le réservoir.

Quelque attention que j'aie apportée dans l'examen de ces parties, je n'ai jamais pu découvrir ni les vésicules à venin, dont il est fait mention dans les Auteurs, qui ont donné l'anatomie de la vipère, ni ses tuyaux excréteurs, dont la finesse sans doute échappe à la vue. (1)

Ces dents ou crochets à venin, dans l'état naturel et tranquille de l'animal, sont couchées sous la lèvre supérieure, de manière que la partie convexe regarde la lèvre inférieure, et la partie concave, la supérieure, et sont couvertes presqu'entièrement par le muscle qui leur sert de gaine.

L'animal est-il irrité? Veut-il attaquer sa proie? Le muscle droit ou à fibres droites, inséré au bord intérieur des lèvres vers le museau, se contracte en même-temps que le muscle à fibres circulaires et qui sert d'envelope à la dent. L'effet de cette

(1) En examinant l'intérieur de la bouche d'une vipère qui venait de mourir, j'ai cru entrevoir la source de l'erreur qui a fait admettre ces vésicules à venin, que j'ai cru moi-même appercevoir d'abord, voyant des corps arrondis, saillans et transparens, placés à la base de la dent couverte de sa gaine. Mais, quelle a été ma surprise, lorsqu'en examinant ces prétendues vésicules, de plus près, j'ai vu que c'étaient des *Acarus*, insectes, à huit pates, arrondis, transparens, luisans qui la dévorent.

contraction est tel, que l'un force la dent qui était couchée horizontalement, à se relever, et à faire saillie hors de la gueule, (la partie convexe devenant supérieure, et la partie concave inférieure), tandis que l'autre la presse et l'embrasse fortement vers sa base ou vers la fossette. Ce changement de position de la dent est combiné de manière que le bord de la lèvre supérieure appuie sur le muscle en contraction qui couvre la fossette, et détermine, sur-tout lorsque la pointe de la dent trouve un point d'appui, le fluide vénéneux, contenu dans la fossette et dans l'intérieur de la dent, qui en est toujours plein, à couler jusqu'à la plaie, ou au corps sur lequel elle appuie; et cela non par jets, mais goutte à goutte : ce ce qui fait dire, avec raison, que cette dent distille le venin. D'ailleurs, en supposant un obstacle dans la partie creuse de la dent qui empêchât le venin d'y couler, il y a le sillon, sur lequel ce fluide peut couler de même; de manière que le but de la nature est toujours atteint d'une façon ou d'autre. Tel est le mécanisme au moyen duquel la dent de ce redoutable reptile porte le venin et la mort.

Place de ce reptible dans l'Histoire naturelle des Serpens

D'après la classification donnée par Mr. de Lacepede, dans son *Histoire naturelle des serpens*, celui-ci, ainsi muni de crochets à venin, se trouve dans l'ordre des Vipères; et d'après la considération des demi-anneaux ou plaques ventrales, dans le genre *Coluber* de Linné. Mais, si l'on déduit son caractère spécifique, d'après ce Naturaliste, de la considération du nombre de ces plaques, il se trouve que sa place n'est point encore assignée parmi ces reptiles, puisque, d'après ce nombre, qui, dans celui-ci, est de 155 plaques ventrales, et de 46 paires de plaques caudales, il n'est ni l'aspic de M. de Lacepede, auquel il ressemble le plus par sa robe, qui est à peu-près la même, et par le nombre des plaques ventrales, qui est également de 155, mais dont il diffère par celui des paires placées sous la queue ; l'aspic de Lacepede n'en ayant que 37, et celui-ci, 46 constamment. D'ailleurs, l'aspic de Lacepede n'a point de traits ou caractères prononcés sur la tête.

Ce n'est pas, non plus, l'aspic de Linné, (*Coluber aspis* LIN.) ou la vipère de Charas, à nez retrousssé, qu'on nomme encore *l'Aspic rouge ou gris* dans le Poitou, le Gâtinais : vipère à 3 bandes de taches, dont celle du milieu est une chaîne continue en zig-zag et les deux latérales très-peu prononcées, quoiqu'il ait, d'ailleurs beaucoup de rapports avec celui de Fontainebleau, puisqu'il en a presque la robe, la grosseur et le même nombre de paires décailles sous la queue, c'est-à-dire 46, mais qui n'a que 146 plaques ventrales.

Ce n'est pas, non plus, la vipère commune ou ordinaire, (*Coluber berus* LIN.) dont le nombre des plaques ventrales est de 146, comme dans celle de Charas, au lieu de 155, et celui des paires caudales de 39 ou

40, au lieu de 46; et dont elle diffère, d'ailleurs, par sa robe qui n'est pas la même; la vipère commune étant d'un gris sale avec une seule bande de taches transversales, ayant le ventre d'un gris blanchâtre et comme grivelé, et son corps, une odeur particulière, forte, la bordure des lèvres jaune et d'une seule couleur; et son venin étant d'ailleurs d'une action bien plus faible. Ce n'est pas, non plus, *l'Æsping* des Suédois, (*Coluber chersea* LIN.) qui approche un peu du nôtre par le nombre des plaques ventrales qui est de 150, et par la force de son venin, mais dont il diffère par celui des paires d'écailles qui sont sous la queue, qui n'est que de 34 dans *l'æsping*. D'ailleurs, ce reptile est beaucoup moins grand que la vipère de Fontainebleau.

Une vipère connue, à laquelle la nôtre ressemble le plus, au premier coup-d'œil, est la petite vipère rouge, qu'on trouve en Dauphiné. Mais cette vipère est bien moins grande que la nôtre. Elle a, à la vérité, quelques caractères sur la tête ; mais le nombre des plaques ventrales et caudales est le même que celui qu'on observe à la vipère commune, dont elle a, d'ailleurs, la bordure du museau d'une seule couleur, et le dessous du ventre grivelé ; et il est évident que c'est une variété de la vipère ordinaire, *Coluber berus*, LIN.

Notre vipère tenant donc beaucoup de l'Aspic de M. de Lacépede, de l'Aspic de Linné, de *l'Æsping* des Suédois, mais n'étant à la rigueur, aucun de ces reptiles, ni une variété de la vipère ordinaire, mérite donc une place particulière dans l'ordre des vipères ou dans le genre *Coluber* de Linné, ainsi qu'un nom, tel que celui de *Vipère-Aspic*, qu'on pourrait lui donner.

EFFETS DU VENIN, ET DIVERS SECOURS PROPOSÉS.

Quant à ses effets : indépendamment des accidens dont on a parlé, observés sur les hommes, et sur la nature desquels on a acquis la preuve qu'ils ont été produits par des vipères et par des individus de même espèce; on ne s'est pas contenté de ces observations, dont le résultat est si triste; on a tenté des expériences sur des animaux, dans la vue de s'assurer, d'une part, de la réalité et de la force du venin, et de l'autre, pour tâcher de découvrir un antidote, ou la manière la plus prompte et la plus sûre de remédier à ses effets. Dans cette vue, on a mis d'abord en expérience de petits animaux tels que des souris, des mulots enfermés avec de jeunes vipères, qui sont en général les plus animées et les plus irritables. Il en a résulté que ces animaux piqués, soit au museau, soit à la patte, la partie ne tarde pas à se tuméfier, sans changer de couleur; ils y éprouvent un sentiment qui les détermine à la frotter vivement : ils ont enfin des tremblemens par tout le corps, et ils meurent tous, 3 ou 4 heures après.

Jusqu'à cet instant, les hommes, les

enfans et les petits animaux ayant tous succombé à l'action du venin de cette vipère ; il était intéressant de s'assurer de ses effets sur les grands, et de s'occuper de la recherche des vrais secours dans ce cas. Les nombreuses expériences sur la vipère, faites en France par Charas, et par l'Académie des Sciences ; en Angleterre, par Mortimer ; en Italie, par Redi et Fontana, étaient connues, ainsi que leur résultat. On en était au point d'être persuadé que la morsure des vipères, en général, ne fait point périr les grands animaux ; qu'on ne peut sécourir les petits ; qu'il faut, d'après Fontana, une très-forte dose de venin pour tuer l'homme ; que l'huile d'olive appliquée extérieurement et intérieurement dans ce cas, est le principal secours, d'après les expériences des Anglais ; que l'akali-volatil, d'après celle des Français, l'emporte sur tous les autres ; que la meilleure méthode de traiter dans ce cas, consiste, en général, dans l'application de sudorifiques, des cordiaux à l'intérieur, et des escarotiques à l'extérieur; que de tous les secours de ce dernier genre, d'après les très-nombreuses expériences de Fontana, la pierre-à-cautère est préférable à tous les autres. On avait presque oublié la thériaque, et on se reposait sur l'efficacité de l'alkali-volatil, lorsque les accidens observés à Fontainebleau, apprirent combien son usage est insuffisant, dans ce cas, et donnèrent l'idée de faire de nouvelles tentatives, pour en découvrir de plus efficaces. D'ailleurs, il était possible que les observations connues n'eussent pas été assez refléchies, ou faites avec assez de soin. Les deux principaux accidens observés à Fontainebleau, ayant appris qu'au moment de la piqûre, l'enfant de 7 à 8 ans de Veneux-Nadon et l'homme de 52 ans, de Villers-sous-grès, s'étaient trouvés mal: cette circonstance méritait une attention particulière et devenait un sujet de réflexion profonde; soit que leur defaillance eut été l'effet de la peur, capable d'épouvanter l'ame ou la Nature par l'idée du danger, de bouleverser le cours du fluide nerveux, de porter subitement une impression profonde, suivie de spasme ou de convulsion sur-tout au diaphragme, et par contre-coup troubler toutes les fonctions, sur-tout celles de l'estomach ; soit qu'elle eut été l'effet du venin porté immédiatement sur les nerfs, et empoisonnant, pour ainsi-dire, subitement le fluide nerveux, à la manière de certains poisons, d'une activité extrême, ainsi inoculés, capables de produire des mouvemens convulsifs, et les plus grands désordres dans l'économie animale, tels que le tabac et autres plantes vénéneuses, dont la décoction, l'huile, ou le suc inoculés dans les vaisseaux ou portés à l'intérieur, produisent le spasme, le vomissemeut, des syncopes, et la mort. etc.

On n'avait point observé les premiers symptômes du troisiéme accident, dont on a fait mention, au moment même de la morsure, sur un enfant inaccessible encore à la frayeur. On savait bien que les animaux n'en sont pas susceptibles en pareille circonstance, quoiqu'ils n'en soient pas exempts en général, et que l'effroi peut troubler leurs sens, leurs fonctions internes comme chez l'homme. Mais, comme les effets d'une terreur panique, d'une imagination fortement frappée n'ont pas été encore analysés au point d'être calculés, et que des symptômes, allarmans en apparence, peuvent souvent en imposer dans ce cas, et induire en erreur sur leur vraie cause et sur les vrais secours à employer; il était important de s'assurer des effets du venin seul ou sans complication, c'est-à-dire sans la circonstance de la frayeur, ou de la bien saisir, cette complication, si elle avait lieu.

C'est même de la possibilité de cette complication que naît la considération majeure de ne pas perdre de vue la marche sourde du venin et de ne pas confondre ses effets avec ceux de la peur. Car, souvent, tel qui a cru combattre les effets du venin, dans ce cas, a perdu son temps et n'a combattu, pour ainsi-dire, qu'un phantôme de maladie, ou les effets de l'imagination frappée, à laquelle on pouvait remédier presque par des paroles, tandis qu'il a négligé ou perdu de vue ceux du venin, lui a donné le temps d'atteindre le cœur, et ne s'en est apperçu que lorsqu'il n'était plus possible d'y remédier. C'est cette considération si importante qui a sur-tout déterminé à faire des expériences pour savoir non seulement à quel point le venin de cette vipère peut être dangereux, mais ce qu'il produit seul et sans complication.

Expériences sur de grands animaux.

Pour cela, on a mis d'abord en expérience un cheval de 9 ou 10 ans, ruiné à la vérité, mais qui pouvait vivre encore quelques mois. Ils se soutenait bien, et broutait l'herbe de la cour, au moment de l'expérience. Il fut mordu à la joue, au mois d'octobre 1804, par un temps assez doux. La vipère était dans un sac de canevas attaché à la tête du cheval, qui permettait de voir tous ses mouvemens, et de l'irriter avec des pinces. Au moment de la piqûre, qui fut faite par la vipère avec la vîtesse de l'éclair, le cheval ne témoigna aucun sentiment de douleur. On ne s'apperçut même qu'il était piqué, qu'à une goutte de sang qui jaillit sur le canevas. Mais, environ 3 ou 4 minutes après, la partie mordue commença à s'élever sensiblement, toujours sans aucune apparence de sentiment de douleur. On abandonna à la nature l'animal, qui fut mis à l'eau blanche. La partie, en moins d'une heure, fut tuméfiée considérablement ; la tumeur parvint même jusques près de l'œil, du même côté, augmentait toujours, de manière qu'au bout de 5 ou 6 heures, elle était très-considérable, sur-tout du côté mordu; ce qui rendait sa tête difforme, à raison de l'inégalité des protubérances de cette partie, laquelle était ferme, un peu sensible, et commença à devenir livide du côté des lèvres. Alors, l'animal paraissait souffrir. Environ deux heures après, il eut de la peine à se soutenir, commencait à battre des flancs. Enfin les extrémités, les oreilles devinrent froides, le battement des flancs plus accéléré, la tumeur énorme. Il eut des tremblemens par tout le corps; paraissait très-souffrant, et il mourut le lendemain matin, sur les 6 ou 7 heures, c'est-à-dire, 18 heures après la morsure. La tumeur ouverte offrit sensiblement les traces d'une gangrène, qui occupait presque tous ses points.

On fit une deuxième expérience, le même mois, sur un autre cheval de 8 à 9 ans, non ruiné, mais de réforme, à cause d'une diarrhée à laquelle il était sujet, depuis long-temps, et qui le rendait faible. Il fut mordu par la même vipère à la lèvre inférieure. La partie mordue ne tarda pas à se tuméfier. On lui fit avaler environ un quart d'heure après, dans la vue de préserver l'intérieur, un breuvage composé de mercure gommeux, de canelle, de camphre, d'assa-fœtida, préparés convenablement, et dans un véhicule aqueux. Quelques minutes après, on lui appliqua une ventouse humide à l'endroit mordu, à laquelle on fit succéder des scarifications qui furent faites par un Artiste vétérinaire, mais, qui furent plutôt des mouchetures que des incisions profondes, et faites comme au hazard aux environs de la partie, ou comme on pouvait, (l'animal se débattant beaucoup). On le ramena à l'écurie. Mais, une heure après, le centre de la partie mordue s'étant tuméfié de nouveau, et de manière à faire craindre pour sa vie, j'y fis faire des incisions d'environ un pouce de profondeur, ce qui établit deux ou trois ruisseaux de sang considérables, pendant quelques minutes. L'animal ne fut pansé qu'avec des compresses imbibées d'eau de vie camphrée.

On lui fit avaler, cette fois, immédiatement après, une forte dose de thériaque de Venise, (1) (au moins une once délayée dans le vin.) Il fut tenu chaudement et enterré pour ainsi dire, dans la litière. Il sua considérablement. On le mit à l'eau blanche, au son mouillé ; on lui donna quelques feuilles de chicorée blanche, ensuite un mélange de son mouillé et d'avoine, et il se rétablit parfaitement, et au point qu'il se trouva en état de faire une course de

---

(1) En général, la thériaque de Venise mérite la préférence sur la thériaque ordinaire, non-seulement parce que sa composition se rapproche beaucoup de la thériaque ancienne d'Andromaque et de Galien, et qu'elle n'est point sujette aux changemens ou variations qu'éprouvent celles du reste de l'Europe, depuis les réformes proposées, soit par la Pharmacopée d'Edimbourg, soit par Baumé ; mais parce que sa composition dans les Pharmacies de Venise est mieux entendue qu'ailleurs ; les médecins de cette ville, qui président à sa confection, préférant de substituer l'équivalent à ce qu'on ne peut se procurer par le commerce, plutôt que de s'exposer à admettre des drogues falsifiées, telles que le baume de la Mecque, qu'ils remplacent par l'huile épaisse de muscade, le costus par la zédoaire, la feuille indienne, par le macis, etc, etc., supprimant entièrement ce qu'on ne peut obtenir, comme les trochisques

trois lieues, le troisième jour de sa morsure, et se trouva délivré de son ancienne affection.

Quinze jours après, environ, au mois de novembre, le temps étant très-froid, on fit une troisième expérience sur un autre cheval, qui toussait, mais qui n'était pas aussi ruiné que le premier. On se servit de la même vipère, mais que le froid avait presqu'engourdie. On fut obligé de la porter même, tenue par le cou avec des pinces, sur les lèvres du cheval. Elle ouvrait lentement la gueule et sembloit ne faire qu'obéir au dessein qu'on avait. Elle mordit

---

hédycrois dont la plupart des ingrédiens sont inconnus aujourd'hui ou qui paraissent inutiles. Du reste, les unes et les autres seraient plus agréables au goût, et plus conformes à celle des anciens; si, au lieu d'y admettre la valériane sauvage, capable de lui donner un odeur et un goût désagréables, et qu'on a pris faussement pour le *phu* des anciens, on y faisait entrer leur véritable *phu*, qui est l'Angélique de Bohême,(*Imperatoria ostruthium* LIN.) qui certainemsnt mérite bien la préférence. C'est cette thériaque de Venise, ainsi corrigée ou rétablie et faite sous nos yeux, qu'on a donné au cheval.

donc mollement ce cheval à deux ou trois reprises aux lèvres. Cependant, en moins d'une demie-heure, la partie commença à se tuméfier aux endroits mordus. L'animal d'ailleurs n'était qu'étonné, sans témoigner de la douleur. On le mit à l'eau blanche et à un breuvage rafraîchissant. Le mal parut se borner à la partie, sensiblement tuméfiée et même un peu livide aux lèvres. Il était encore dans cet état, le troisième jour, lorsque la troupe reçut ordre de partir. On le mit derrière une charrette et on le conduisit ainsi jusqu'à Provins. On ignore le traitement qu'on lui a fait depuis: mais on a appris qu'il n'était pas mort. Il est à croire. que l'état d'engourdissement où était la vipère, à raison de la rigueur du temps, a beaucoup contribué à diminuer l'activité du venin et que, sans cette circonstance, l'animal aurait couru les plus grands risques et éprouvé les mêmes effets que les deux autres.

Il résulte de ce qui précède, et des dernières expériences, que le venin de la vipère de Fontainebleau inoculé par une plaie ou par la piqûre qu'elle fait, est en général mortel pour les hommes et pour les animaux; que les petits enfans et les petits animaux, meurent plus promptement, par son effet, que les hommes et les grands animaux; que les grandes personnes ou des enfans susceptibles de frayeur et qui en sont saisis, éprouvent tout-à-coup et même avant que la tumeur se forme, des symptômes plus graves en apparence, et qui paraissent indépendans de l'action physique du venin, qu'ils compliquent, et rendent ses effets beaucoup plus dangereux ; soit en portant sur l'origine des nerfs une impression très-forte et qui peut être même quelquefois irremédiable, comme on en a l'exemple dans l'épilepsie, causée par la peur, soit en donnant quelquefois le change à l'homme de l'art, qui prenant alors l'ombre pour le corps, ou pour effets du venin, ceux de la peur, tels que les syncopes convulsives, ou les défaillances subites, peut perdre de vue ou négliger sa marche plus ou moins lente, et ne s'appercevoir du véritable danger et des vrais secours à admiuistrer que lorsqu'il n'est plus temps de les apporter.

Il résulte encore de ces faits, qu'une tumeur, ferme d'abord et pâle, ensuite rougeâtre, et prenant enfin un caractère gangreneux, et qui fait des progrès, plus ou moins rapides du côté du cœur, bientôt suivie de syncopes, de vomissemens de mouvemens convulsifs chez l'homme, est le phénomène le plus ordinaire de l'action de ce venin, dont la rapidité dans la marche, paraît être en raison inverse de la grandeur de l'animal piqué ou de l'éloignément de la plaie au cœur, et de la lenteur des pulsations des artères; les grands animaux y succombant beaucoup plus tard et plus difficilement que les petits; toutes choses égales d'ailleurs.

Il en résulte encore que, parmi les secours usités en pareil cas, les ligatures au-dessus de la partie mordue, sont insuffisantes, ainsi que les mouchetures ou scarifications légères ou trop ménagées; que l'alkali-volatil appliqué, soit extérieurement, soit intérieurement n'a point remédié aux effets du venin de la vipère de Fontainebleau, non plus que l'huile à l'extérieur, non plus que les escarrotiques, qui paraissent même plus capables de concentrer le venin, lorsqu'ils ne l'atteignent pas, que de faciliter son expulsion, ou de l'anéantir, quoique portés sur l'endroit mordu; leur effet, l'escarre qu'ils produisent, n'étant que superficiels, et l'immersion du venin porté par la dent de la vipère, pouvant être très-profonde, c'est-à-dire, de 5 lignes environ. Il en suit encore qu'on ne peut pas en dire autant des scarifications profondes ou des moyens de produire, avec une hémorhagie locale, un flux abondant d'humeurs, dont l'avantage parait d'ailleurs aussi fondé en théorie qu'en pratique. Car, en admettant que des raisons d'analogie aient conduit à l'usage de ce secours, et l'avantage des ouvertures à

la

la peau ou des scarifications non ménagées étant prouvées, sur-tout à la suite de l'application des ventouses, dans une infinité de circonstances analogues, comme dans les cas les plus graves, tels que ceux des maladies pestilentielles où les scarifications ont toujours été efficaces, ainsi que dans la petite vérole, dans l'anthrax, dans tous les cas où une partie est déjà atteinte, ou menacée de gangrene; il était naturel de penser qu'en suivant la même méthode, c'est-à-dire en donnant issue à un venin analogue, qui va porter bientôt dans le sang et les autres humeurs une diathèse gangreneuse, on devait réussir. Ce qui est confirmé d'ailleurs, par l'expérience, non seulement par celle du cheval, sauvé par ce secours, mais par celle qui a été faite à Milly; la femme de cette ville, (qui touche à la forêt de Fontainebleau), et dont on a parlé, mordue au pouce de la main droite par une vipère de la même espece, et soignée par M. Reignier,

Chirurgien distingué de cette ville, environ une heure et demi après, n'ayant pu être sauvée que par des scarifications profondes qu'il fit jusqu'au haut du bras, où la tumeur était déjà parvenue, cinq à six heures après, et qui certainement aurait péri sans ce secours. (1)

Il n'y a donc, selon nous, dans les cas simples et même compliqués, qu'une principale indication, toujours majeure à remplir, qui est de donner issue au venin, de la manière la plus prompte et la plus sûre; et je n'en connais pas d'autre que celle qui consiste à établir des ruisseaux de sang et d'humeurs, non par une saignée qui n'ouvre que la veine, et ne produit qu'une

(1) M. Reignier me dit dans une lettre du 5 ventôse an 13, que cette tumeur était ferme, rougeâtre, sans douleur; que cette personne âgée de 22 ans, n'eut point peur, *lorsqu'elle* fut mordue, puisqu'elle détacha elle-même *la* vipere accrochée à son pouce, qu'elle eut des vomissemens bilieux, 7 à 8 minutes après l'accident, et que les syncopes et les vomissemens se renouvelaient fréquemment une heure après.

hémorrhagie simple, et peut ne pas atteindre le venin, mais par des moyens qui ouvrent tous les vaisseaux sanguins, lymphatiques et autres, et entraînent tout au-dehors, tels que les scarifications profondes. On doit faire attention, en les faisant, par exemple, aux environs du poignet, en cas de morsure aux doigts et à la main, de ne pas ouvrir les artères radiale et cubitale qui sont superficielles, vers le poignet, et qu'on peut ouvrir facilement, si l'on n'y fait attention.

Quant aux secours internes; dans le cas d'accident simple ou sans complication, les sudorifiques ou moyens répulsifs capables d'éloigner le venin du centre, peuvent trouver leur place, et sous ce rapport, l'alkali-volatil, dans certains cas, peut être de quelque secours; mais ce ne sera jamais comme spécifique, ni comme stimulant, qu'il le sera. Au contaire, à trop haute dose, il peut porter trop d'irritation à l'intérieur et devenir plus nuisible qu'utile. Car, alors agissant comme stimulant trop fort, il devient vomitif, et ne remplit nullement l'objet qu'on se propose. Ce n'est même qu'à la dose de quelques gouttes comme d'une à 4 ou 5, sur un verre d'eau, qu'il peut produire l'effet sudorifique ou répulsif. Mais la thériaque, alors, nous paraît préférable, puisqu'elle réunit les cordiaux, qui sont éminemment indiqués dans ce cas, aux sudorifiques, aux alexitères, aux antiseptiques, etc. ; et son meilleur véhicule alors, est le vin. Parmi les sudorifiques, le mercure gommeux (le mercure à la dose d'un demi-gros) parmi les cordiaux, la canelle, la thériaque ; parmi les antiseptiques, les amers, tels que la racine d'aristoloche, celle de gentianne, le quinquina, méritent selon nous la préférence sur les autres. Le camphre, à très-petite dose, peut encore ici trouver sa place.

Mais, s'il y a complication, c'est-à-dire, si les effets de la frayeur sont à combattre en même temps; ils se manifestent plutôt que la tumeur même, résultant de la piqûre de la vipère. Alors il convient, après avoir rassuré le malade sur le danger, d'avoir recours aux calmans, aux anti-spasmodiques, à l'assafœtida, à très-petite dose, aux infusions de fleurs d'orange, de tilleul, à la liqueur d'Hoffmann, au castoreum même, (quoique remede suranné et un peu superstitieux) à la poudre tempérante de Stahl, à quelque potion anti-spasmodique; et on combine ces secours avec les cordiaux. Mais, en même tems, on traite très-promptement la tumeur, qu'on poursuit dans toute son étendue, par des scarifications profondes, qu'on couvre ensuite d'onguent de styrax ou de compresses imbibées d'eau de vie camphrée. On évite avec soin, les vomitifs, les purgatifs, l'alkali votatil, sur-tout à trop haute dose, ou même on le bannit de la pratique, ainsi que les huileux, les escarotiques, et tous les remedes qui peuvent faire perdre du tems ou qui sont incapables d'arrêter les progrès d'un mal, dont on ne peut calculer ni la force ni l'activité.

Mais, afin que notre travail, s'il se peut, ne soit pas inutile au public; voici l'idée d'un traitement pratique et simple, et qui peut servir au besoin.

En cas qu'on soit mordu par une Vipère; (elles habitent ordinairement les endroits secs, stériles, et par conséquent à ronces et à épines); on prend une de ces plantes au risque de se piquer. On en fouette vivement la partie, qu'on peut lier en même tems au-dessus de l'endroit mordu, et qu'on pique avec ces épines jusqu'à ce que le sang coule abondamment. En supposant qu'on n'ait ni ronces, ni épines, ni orties même qui ne peuvent pas nuire, dans ce cas, en excitant une vive irritation, l'on peut avoir des épingles, un canif, un couteau, et on a le courage de faire une ouverture à la partie non en travers, mais en long suivant le sens de l'extrémité. Cela donne le tems d'atteindre une habitation quelconque, où une tasse un gobelet, peut servir de ventouse, en y mettant ou de la filasse ou du linge, auxquels on met le feu, après y avoir jetté unpeu d'eau de vie, et l'appliquant avec la flâme sur la partie mordue, qui rougit alors, se gonfle et facilite l'effusion du sang et des humeurs, qu'on procure au moyen des incisions qu'on y fait avec un instrument tranchant quelconque. Immédiatement après, on appliqe dessus des linges imbibés d'eau de vie camphrée ou d'eau de vie simple, si l'on manque de camphre. On fait boire un peu de vin au malale, en attendant d'autres secours, tels que ceux qu'on a indiqués.

Tels sont les remedes simples et non superstitieux qu'il convient d'employer, dans ce cas. On serait dans une grande erreur et on risquerait beaucoup, si l'on s'en rapportait, en pareille circonstance, à des Empyriques qui disent avoir des secrets merveilleux, infaillibles, et qu'on négligeât les ceux qu'on vient d'indiquer.

Accident qui vient d'arriver le 3 avril 1805, ou 13 germinal, an 13.

Un Grenadier Vélite de la Garde Impériale, en station à Fontainebleau, M. *Laurino*, se promenant dans la forêt, par un beau jour le 3 avril 1805, avec un de ses camarades, M. *Patenôtre*, sur les derrières du Mont-Pierreux, apperçoit une vipère, qu'il prend pour une couleuvre ordinaire, et qu'il a l'imprudence de saisir avec la main, et de mettre dans son sein, en jouant avec elle. Mais l'animal ne tarde pas à s'élancer, et le mord vivement au doigt index de la main gauche, à la deuxième phalange. A l'instant où il est piqué, il éprouve une douleur excessivement vive ; et la partie mordue s'enfle sensiblement, presqu'immédiatement après. On fait une forte ligature au haut de la première phalange, près de son articulation avec le métacarpe. La partie inférieure se tuméfie considérablement ; le Malade n'y éprouve d'ailleurs, d'autre sentiment que celui qui peut être causé par la ligature et la tension extrême de la peau.

Sur l'avis d'un Pharmacien de cette ville, chez lequel il entre en revenant de la forêt, on lui fait plonger le doigt dans de l'huile, qui n'a paru produire d'autre effet que de favoriser l'extension de la peau.

Au moment où je le vis, c'est-à-dire environ une heure après l'accident, où il fut conduit à l'hospice de la charité, la peau du doigt mordu me parut plus pâle que celle des environs. La tension était extrême. L'ouverture causée par la dent de la vipère, ressemblait à celle qu'aurait pu faire la morsure d'une petite sangsue. On voyait que le sang en avait coulé. Les Chirurgiens de la maison ne s'étant pas trouvés là, et le cas me paraissant très-pressant, je pris le parti de faire moi-même ce qui ne pouvait l'être par d'autres. Huit ou dix scarifications profondes furent faites sur toute l'étendue du doigt tuméfié. Le Malade supporta cette opération avec courage, il s'établit deux ou trois ruisseaux de sang: Jusques-là, il n'avait éprouvé ni syncopes, ni vomissemens, ni d'autres douleurs que celle qu'avait produit la morsure. Mais alors, il eut une faiblesse semblable à celle qu'aurait pu causer une forte saignée. La partie déliée fut dégorgée entièrement. Je lui fis prendre nn gros de thériaque choisie, dans un verre de vin, et la partie fut pansée avec des compresses imbibées d'eau de vie camphrée. Il fut mis à l'usage d'une infusion de fleurs de tilleul. Le calme, le repos, une suenr abondante, qui furent la suite de ce traitement, anoncèrent que les progrès du mal étaient arrêtés; et le lendemain, la partie fut trouvée en bon état.

Mais, quelqu'un ayant cru que l'application de l'alkali volatil pourait être utile, on la fit sur la partie. La tuméfaction de la main, jointe à la douleur qui en résulta, et qui se communiqua jusqu'au haut du bras, fit renoncer à ce secours. On en revint aux compresses imbibées d'eau de vie camphrée, et on fit ajouter aux boissons l'alkali volatil à très-petite dose, (deux gouttes sur une tasse d'infusion de fleurs de tilleul). Ce traitement, et la sueur qui s'établit, favorisée quelque fois par un bol de thériaquc pris le soir, ont mis fin à l'engorgement de la main et à la douleur du bras, qui m'ont paru n'avoir été que l'effet de l'irritation locale, produite par l'application de l'alkali volatil; de manière qu'aujourd'hui 20 avril, le malade n'éprouve plus rien, et toutes les plaies sont guéries.

La vipère qui l'a mordu et qu'on conserve encore vivante, est jeune et de la même espece que celles dont on a fait mention. Je crois que le courage et la tranquillité d'esprit qu'a montré M. Laurino, dans cette occasion, joints aux secours administrés à tems, ont beaucoup contribué à rendre facile la guérison d'un accident, qui, sans cette circonstance, aurait pu devenir très-grave, et le conduire vraisemblablement à la mort.

FIN.

www.ingramcontent.com/pod-product-compliance
Lightning Source LLC
LaVergne TN
LVHW012000160826
845678LV00002B/634

* 9 7 8 2 3 2 9 6 7 5 6 0 2 *